Ernst Probst

Das Aurignacien

Eine Kulturstufe der Altsteinzeit
vor etwa 40.000 bis 31.000 Jahren

Titelbild und Foto auf Seite 3:
Replik einer Malerei aus dem Aurignacien
in der Chauvet-Höhle in Frankreich
im „Museum Anthropos" in Brno.
Foto: HTO (via Wikimedia Commons),
Lizenz: gemeinfrei (Public domain)

Impressum:
Das Aurignacien
2. Auflage als Print-Buch: März 2021
Autor: Ernst Probst
Im See 11, 55246 Mainz-Kostheim
Telefon: 06134/21152
E-Mail: ernst.probst (at) gmx.de
Herstellung: Amazon Distribution GmbH, Leipzig
Alle Rechte vorbehalten
ISBN: 979-8-729-66276-0

Replik einer Malerei aus dem Aurignacien
in der Chauvet-Höhle bei Vallon-Pont-d'Arc in Frankreich
im „Museum Anthropos" in Brno.
Sie zeigt eine Gruppe eiszeitlicher Höhlenlöwen.
Foto: HTO (via Wikimedia Commons),
Lizenz: gemeinfrei (Public domain)

1852 entdeckte Höhle von Aurignac
im französischen Département Haute Garonne.
Nach ihr ist die Kulturstufe Aurignacien benannt.
Foto: MathieuMD / Wikimedia Commons / CC-BY-SA4.0,
lizensiert unter Creative-Commons-Lizenz by-sa-4.0-de,
https://creativecommons.org/licenses/by-sa/4.0/legalcode

Vorwort

Das 1869 nach einem Fundort in Frankreich bezeichnete Aurignacien vor etwa 40.000 bis 31.000 Jahren gilt in weiten Teilen von Europa als die älteste Kulturstufe der jüngeren Altsteinzeit. In diesem Abschnitt breitete sich der anatomisch moderne Mensch in West-, Mittel- und Osteuropa aus. Wegen unsicherer Datierungen findet man in der Literatur unterschiedliche Angaben über die Dauer des Aurignacien, die teilweise um Tausende von Jahren differieren. Die damaligen Jäger und Sammler wohnten in Zelten, Hütten, Halbhöhlen und in hellen Eingangsbereichen von Höhlen. Mit Wurfspeeren und Stoßlanzen erlegten sie Wildpferde, Rentiere, Mammute, Fellnashörner und Höhlenbären. Anders als ihre Vorgänger, die Neandertaler, bemalten und schmückten sie sich gerne. Funde aus süddeutschen Höhlen belegen, dass diese Menschen bereits Flöten sowie formvollendete Tier- und Menschenfiguren schnitzten. In Frankreich schufen sie kunstvolle Höhlenbilder, die heute noch bewundert werden. Über ihre Religion, zu der offenbar Mischwesen mit menschlichen und tierischen Merkmalen gehörten, kann man bisher nur spekulieren.

Gabriel de Mortillet (1821–1898),
französischer Prähistoriker.
Auf ihn geht der Begriff Aurignacien zurück.
Foto (via Wikimedia Commons),
Lizenz: gemeinfrei (Public domain)

Das Aurignacien

In der norddeutschen Weichsel-Eiszeit und der süddeutschen Würm-Eiszeit erschienen vor ungefähr 40.000 Jahren in Deutschland die Angehörigen einer Kulturstufe, die nach einem französischen Fundort als Aurignacien (vor etwa 40.000 bis 31.000 Jahre) bezeichnet wird. Außer in Frankreich und Deutschland war diese Stufe auch in Italien, Österreich und Tschechien verbreitet. Im Nahen Osten trat das Aurignacien sogar noch etwas früher auf. Es ist vermutlich aus dem Moustérien entstanden. Dem Aurignacien gingen Kulturstufen der Neandertaler wie das Moustérien (vor etwa 125.000 bis 40.000 Jahre), die Blattspitzen-Gruppen (vor etwa 45.000 bis 37.000 Jahren), auch als Szeletien bezeichnet, und das Chatelperronien (vor etwa 38.000 bis 33.000 Jahren), früher Périgordien genannt, voraus. Im Aurignacien lebten in Europa teilweise späte Neandertaler und anatomisch moderne Menschen gleichzeitig. Der Begriff Aurignacien wurde 1869 durch den französischen Prähistoriker Gabriel de Mortillet (1821–1898) eingeführt. Namengebender Fundort ist die Höhle von Aurignac im Département Haute Garonne. Die Höhle von Aurignac wurde 1852 entdeckt, als ein Mann auf ein Kaninchenloch stieß und diese Stelle aufgrub, um Kaninchen zu fangen. Dabei fand er menschliche Knochen, grub weiter und gelangte in eine Höhle, in der mindestens 17 menschliche Skelette lagen. Der Entdecker informierte den Bürgermeister von Aurignac, der anordnete, die Skelette auf dem Friedhof zu begraben. Als der Rechtsanwalt und Prähistoriker Edouard Lartet (1801–1871) aus Paris acht Jahre später nach diesen Funden fragte, wusste niemand

Speerspitze (Lautscher Spitze) aus der Großen Badlhöhle bei Peggau in Österreich. Foto: Thilo Parg / CC-BY-SA3.0 (via Wikimedia Commons), lizensiert unter Creative-Commons-Lizenz by-sa-3.0, https://creativecommons.org/ licenses/by-sa/3.0/legalcode

mehr, wo sie begraben worden waren. Lartet grub 1860 in
der Höhle von Aurignac und barg darin Steinwerkzeuge und
Speerspitzen einer Stufe, die später den Namen Aurignacien
erhielt.
Als Sonderformen des Aurignacien gelten das nach den Funden
aus den Grimaldi-Höhlen bei Ventimiglia an der westita-
lienischen Küste benannte Grimaldien sowie das nach den
Funden aus der Potocka-Höhle an der Olseva (einem Gebirgs-
stock der Ostkarawanken) bezeichnete Olschewien.
Die Grimaldi-Höhlen befinden sich im Felsen Balzi Rossi
(„Rote Felsen") bei Grimaldi di Ventimiglia (Italien) und öffnen
sich zum Mittelmeer. Zu ihnen gehören die Grotte Barma
Grande, die Grotte Bassa da Torre, die Grotte del Conte e del
Caviglione, die Grotte des Enfants (italienisch: Grotte dei
Fanciulli, deutsch: Grotte der Kinder wegen der Kinder-
bestattungen), die Grotte del Principe und die Grotte du Vallon
sowie eine andere Grotte. Der italienische Anthropologe Ugo
Rellini (1870–1943) aus Rom hat 1920 den Begriff Grimaldiano
eingeführt. 1928 prägte der französische Paläontologe und
Prähistoriker Raqymond Vaufrey (1890–1967) aus Paris den
Namen Grimaldien.
In vier der Grimaldi-Höhlen hat man insgesamt 16 menschliche Skelette entdeckt. Es waren neun Einzelbestattungen,
zwei Doppelbestattungen und eine Dreifachbestattung. 1912
wurden alle Bestattungen in das Aurignacien datiert, was
andere Autoren noch 1991 taten. 1986 rechnete ein Experte
die Funde teilweise den jüngeren Kulturstufen Gravettien und
Magdalénien zu. Weil für diese Einstufungen keine 14C-Daten
vorlagen, schreiben andere Fachleute die Funde aus den
Grimaldi-Höhlen unter Vorbehalt dem Aurignacien zu.
In der 1.700 Meter hoch gelegenen Potocka-Höhle fand 1928/
1929 der Prähistoriker Srecko Brodar (1895–1987) aus

Lebensbilder von Höhlenlöwe (oben) und Fellnashorn (unten),
hergestellt von dem Berliner Tiermaler Heinrich Harder (1858–*1935)*

Ljubljana bei Versuchsgrabungen mehr als 80 Knochenspitzen (Speerspitzen), die in der Mehrzahl den Knochenspitzen vom Lautscher Typus entsprechen. Im Sommer 1929 barg er außerdem wenig bearbeitete Feuersteine. Den Begriff Olschcwien schlug 1928 der Wiener Prähistoriker Josef Bayer (1882–1931) vor.

Das Aurignacien fiel in Deutschland in eine Kaltphase, die schon vor etwa 42.000 Jahren begonnen hatte, sowie in eine Warmphase, die nach einem holländischen Fundort als Denekamp-Interstadial (vor etwa 36.000 bis 32.500 Jahren) bezeichnet wird. Während der Kaltphase breiteten sich Steppen aus, in der Warmphase konnten sich wieder Bäume behaupten.

Zur damaligen Tierwelt gehörten unter anderem – je nach dem jeweiligen Klima – Höhlenlöwen, Höhlenbären, Wölfe, Rot- und Eisfüchse, Mammute, Fellnashörner, Wildpferde, Rentiere und Schneehasen.

Die Aurignacien-Leute waren in Deutschland wahrscheinlich die ersten Jetztmenschen. Im Laufe der Forschungsgeschichte hat man ihnen verschiedene Namen gegeben. Davon konnten sich die Begriffe *Homo sapiens fossilis*, *Homo aurignacensis*, *Homo aurignacensis* und *Homo grimaldicus* nicht durchsetzen. Heute rechnet man die Jäger und Sammler aus dem Aurignacien generell der Unterart *Homo sapiens sapiens* zu, der auch alle heute lebenden Menschen angehören. Für die Aurignacien-Leute ist daneben die Bezeichnung Cro-Magnon-Menschen gebräuchlich, die auf einem Fund in der Höhle von Cro-Magnon bei Les Eyzies-de-Tayac im Tal der Vézère (Département Dordogne) in Südwestfrankreich zurückgeht.

Der Begriff *Homo sapiens fossilis* wurde 1925 von dem Göttinger Anthropologen Karl Saller (1902–1969) erstmals verwendet. Der Name *Homo aurignacensis Hauseri* (der „Aurignac-Mensch Hausers", ein Fund von 1909 aus der eingestürzten Halbhöhle von Combe Capelle bei Montferrand-du-Périgord durch den Schweizer Antiquitätenhändler und Archäologen Otto Hauser, 1874–1932) geht auf den Breslauer Anatomen und Anthropologen Hermann Klaatsch (1836–1916) zurück. Auch diesen Fund verkaufte Hauser an das „Museum für Völkerkunde" in Berlin. Der Ausdruck *Homo grimaldicus* wurde 1924 durch den Pariser Anthropologen René Verneau (1852–1938) vorgeschlagen, der bereits den Begriff „Grimaldi-Rasse" eingeführt hatte. Die Höhle von Cro-Magnon wurde 1868 beim Bau einer Bahnlinie entdeckt. Der Archäologe Louis Lartet (1840–1899), Sohn des Prähistorikers Èdouard Lartet, fand darin fünf menschliche Skelette (ein alter Mann, zwei jüngere Männer, eine Frau, ein Kind). Diese Funde wurden 1868 durch den Pariser Pathologen Paul Broca (1824–1880) untersucht und beschrieben. Seit 2002 datiert man sie in das Gravettien. Von den Aurignacien-Leuten dürfte kaum die Hälfte älter als 20 Jahre geworden sein. Über die damalige Säuglingssterblichkeit ist allerdings keine Aussage möglich, da sich die Knochen von Kleinkindern sehr viel schlechter erhalten als die von Erwachsenen.

Aus Deutschland kennt man einige Skelettreste der Aurignacien-Leute. Dazu gehören die Funde von Brühl bei Heidelberg in Baden-Württemberg sowie aus der Honerthöhle (Märkischer Kreis) in Nordrhein-Westfalen. Vielleicht kann man auch die schätzungsweise zwischen 30.000 und 20.000 Jahre alten Funde aus der Ilsenhöhle bei Ranis (Saale-Orla-Kreis) in Thüringen und von Oppau (Kreis Ludwigshafen) in Rheinland-Pfalz dazurechnen.

Bei dem Fund von Brühl bei Heidelberg handelt es sich um zwei Stirnbeine von etwa sechs und neun Jahre alten Kindern. Sie wurden 1958 bei einer Begehung der Kiesgrube von

Rohrhof bei Brühl (Rhein-Neckar-Kreis) durch den Prähistoriker Berndmark Heukemes (1924–2009) vom „Kurpfälzischen Museum" der Stadt Heidelberg sowie durch den damaligen Dekan der „Medizinischen Fakultät" der „Universität Heidelberg", Werner Kindler (1895–1976) entdeckt. Die Schädelreste kamen in etwa 12 Meter Tiefe zusammen mit Resten von Mammut und Wisent zum Vorschein.

Dem Aurignacien ordnete man früher die Schädelreste von zwei Männern aus der Vogelherdhöhle bei Stetten zu, die im Juli 1931 bei Grabungen des Tübinger Prähistorikers Gustav Riek (1900–1976) entdeckt wurden. Der eine Fund – ein Hirnschädel mit Unterkiefer, aber ohne Gesicht, sowie ein Oberarmknochen, zwei Lendenwirbel und ein Mittelhandknochen – wird Stetten I genannt. Der andere Fund heißt Stetten II. Da Stetten I in ungestörter Lage, Stetten II dagegen in gestörter Lage angetroffen wurde, ist unklar, ob beide zur selben Zeit bestattet worden sind. Seit 2004 rechnet man Stetten I und Stetten II der späten Jungsteinzeit zu.

Die Honerthöhle lag einst etwa 600 Meter südöstlich von Binolen auf der linken Seite des Grübecker Tals, einem Seitenarm des Hönnetales. Sie wurde 1891 erstmals durch den Geologen Emil Carthaus (1862–1922) aus Anröchte untersucht. 1926 fand der Prähistoriker Julius Andree (1889–1942) aus Münster im hinteren Teil der Höhle Knochenfragmente von zwei Menschen. Die Honerthöhle wurde zu Beginn des Zweiten Weltkrieges teilweise durch einen Kalksteinbruch zerstört, den Rest baute man 1967 ab.

Im 1991 erschienenen Buch „Deutschland in der Steinzeit" von Ernst Probst wurden auch die Schädelreste am Elbufer nahe der Insel Hahnöfer Sand bei Hamburg von 1973 und aus einer Kiesgrube von Kelsterbach bei Frankfurt am Main von 1952 als Funde aus dem Aurignacien erwähnt. Doch später

*Tübinger Prähistoriker Gustav Riek (1900–1976)
bei den Grabungen im Juli 1931 in der Vogelherdhöhle
bei Stetten im Lonetal.*
*Foto: Universität Tübingen 1931 / CC-BY-SA4.0
(via Wikimedia Commons),*
*linzensiert unter Creative-Commons-Lizenz by-sa-40-de,
https://creativecommons.org/licenses/by-sa/4.0/legalcode*

kamen an den Altersdatierungen dieser Funde durch den Frankfurter Anthropologen Reiner Protsch starke Zweifel auf. Heute glaubt niemand mehr, dass der Schädelrest von Hahnöfer Sand bei Hamburg 36.000 Jahre und derjenige aus Kelsterbach 32.000 Jahre alt ist. Eine 14C-Datierung in Oxford ergab für den Fund von Hahnöfer Sand höchstens 7.500 Jahre. Der Schädel aus Kelsterbach verschwand aus dem Frankfurter Institutssafe.

Reste von Menschen aus der Zeit des Aurignacien kennt man auch aus England (Paviland), Frankreich (Brassempouy, Isturitz, La Ferrassie, der Höhle Les Rois bei Mouthiers-sur-Boeme), Italien und Tschechien (Bocek-Höhle bei Mladec), Rumänien (Pestera cu Oase Pesterca Muierii, Cioclovina Cave), von der Krim (Buran-Kaya III) und Russland (Kostenki am Don). Die Aurignacien-Leute lebten zumeist im Freiland, wo sie Zelte oder Hütten errichteten. Daneben lagerten sie aber auch in Höhlen und Halbhöhlen. Die Bevölkerungsdichte in Westdeutschland wird von manchen Autoren auf weniger als 25.000 Menschen geschätzt. Dies entspräche 0,1 bis 0,2 Personen pro Quadratkilometer und damit etwa der Bevölkerungsdichte der nordamerikanischen Indianer zu den Zeiten, bevor die Weißen kamen. Um 1990 lebten in Westdeutschland etwa 245 Menschen auf einem Quadratkilometer, in Ostdeutschland 154. In Baden-Württemberg konzentrierten sich die Höhlenwohnungen der Aurignacien-Leute vor allem auf drei Täler von Flüssen, die in die Donau mündeten: das Lonetal auf der Ostalb mit den Höhlen Hohlenstein-Stadel und Hohlenstein-Bären-höhle sowie die Vogelherdhöhle, das Achtal auf der mittleren Alb mit der Brillenhöhle, der Geißenklösterlehöhle und der Sirgensteinhöhle, das Lauchertal auf der westlichen Alb mit der Göpfelsteinhöhle, der Nikolaushöhle und dem Schafstall. Die Höhlen der Schwäbischen Alb wurden nur

Höhle Hohler Fels bei Schelklingen.
Foto: Henning Schlottmann (User H-stt) / CC-BY-SA4.0
(via Wikimedia Commons)
lizensiert unter Creative-Commons-Lizenz by-sa-4.0,-de
https://creativecommons.org/licenses/by-sa/4.0/legalcode

2017 wurden sechs Höhlen in Baden-Württemberg
als Bestandteil der „Weltkulturerbestätte Höhlen und Eiszeitkunst
der Schwäbischen Alb" in das UNESCO-Welterbe aufgenommen:
Hohler Fels bei Schelklingen,
Sirgensteinhöhle bei Blaubeuren,
Geißenklösterlehöhle bei Blaubeuren,
Bocksteinhöhle bei Rammingen,
Hohlenstein-Stadel bei Asselfingen,
Sirgensteinhöhle bei Blaubeuren-Weiler

Sirgensteinhöhle bei Blaubeuren-Weiler im Achtal.
Foto: Thilo Parg / CC-BY-SA4.0
(via Wikimedia Commons)
lizensiert unter Creative-Commons-Lizenz by-sa-4.0-de,
https://creativecommons.org/licenses/by-sa/4.0/legalcode

Geißenklösterlehöhle bei Blaubeuren-Weiler im Achtal.
Foto: Thilo Parg / CC-BY-SA3.0
(via Wikimedia Commons)
lizensiert unter Creative-Commons-Lizenz by-sa-3.0,
https://creativecommons.org/licenses/by-sa/3.0/legalcode

Blick aus der Bocksteinhöhle bei Rammingen ins Lonetal.
Foto: Klausrohwer / CC-BY-SA4.0
(via Wikimedia Commons)
lizensiert unter Creative-Commons-Lizenz by-sa-4.0-de,
https://creativecommons.org/licenses/by-sa/4.0/legalcode

Ausgrabung in der Höhle Hohlenstein-Stadel bei Asselfingen im Lonetal.
Foto: Holger Uwe Schmidt / CC-BY-SA4.0
(via Wikimedia Commons)
lizensiert unter Creative-Commons-Lizenz by-sa-4.0-de,
https://creativecommons.org/licenses/by-sa/4.0/legalcode

Vogelherdhöhle bei Niederestotzingen im Lonetal.
Foto: Thilo Parg / CC-BY-SA3.0
(via Wikimedia Commons)
lizensiert unter Creative-Commons-Lizenz by-sa-3.0,
https://creativecommons.org/licenses/by-sa/3.0/legalcode

zwischen dem Frühjahr und Herbst besiedelt. Dies lässt sich an gesammelten Vogeleiern, am Alter der Zähne und der Geweihreste der erlegten Rentiere sowie am Wachstum der Schuppen und Wirbel gefangener Fische ablesen.

In der Höhle Hohlenstein-Stadel bei Asselfingen hielten sich Jäger und ihre Angehörigen vor allem im hellen Eingangsbereich auf. Dort konnte man bei Tageslicht verschiedene Arbeiten erledigen. Dagegen fand man die Reste einer Elfenbeinfigur mit menschlichen und tierischen Merkmalen im hinteren Höhlenteil. Vielleicht war dieser dem Kult vorbehalten.

Die Vogelherdhöhle bei Niederstotzingen wurde im Aurignacien mehrfach von Großwildjägern bewohnt. Sie hatte eine günstige Lage. Gar nicht weit von ihr entfernt befand sich ein Engpass, durch den viele Wildtiere auf dem Weg zur Tränke an die Lone wechselten. Außerdem bot sie gute Verteidigungs- und Fluchtmöglichkeiten, da sie zwei Haupteingänge und einen Spaltenausgang in das Lonetal besitzt. Werkzeuge und Waffen aus Knochen, Geweih und Elfenbein sowie Kunstwerke zeugen von Aufenthalten in der Höhle. Die Steinbearbeitung erfolgte auf dem Vorplatz.

Auch die Geißenklösterlehöhle bei Blaubeuren-Weiler ist immer wieder besiedelt worden. Im vor Regen und Wind geschützten Teil des Höhleneingangs unterhielt man eine Feuerstelle, an der Elfenbein geschnitzt wurde. Auf den Höhlenboden wurden vermutlich Mammut-, Fellnashorn- oder Höhlenbärfelle gelegt, auf denen man bequem lagern konnte. Darauf deuten Spuren von Wollfett in Siedlungsschichten hin. Beim Weiterziehen ließ man die Felle zurück.

Es ist fraglich, ob in der Nikolaushöhle tatsächlich Funde aus dem Aurignacien gefunden worden sind. Die Ausgräber, der Oberpostrat a. D. Eduard Peters (1869–1948) aus Veringenstadt und der aus Reutlingen stammende Archäologestudent Adolf Rieth (1902–1984) meinten 1936 in ihrer Publikation „Die Höhlen von Veringenstadt": „Aurignacien-Leute schienen auch die Höhle besucht zu haben, vielleicht nur, um Höhlenbären nachzugehen, von denen wir zahlreiche Reste gefunden haben." In dem 1946 als Privatdruck erschienenen Bericht „Meine Tätigkeit im Dienste der Vorgeschichte Südwestdeutschlands" von Peters heißt es: „Die Nikolaushöhle wurde endgültig ausgeräumt, soweit es sich um Kulturreste handelte. Auf die Freilegung weiterer Höhlenbärenreste wurde verzichtet. Die Durcharbeitung des Kontrollblocks erbrachte noch eine Anzahl Silices, die mich nunmehr veranlaßten, meine vorbehaltliche Annahme, es handele sich um ein älteres Magdalénien, erneut zu prüfen und zu erwägen, ob hier nicht ein Aurignacien in Frage komme." Die Nikolaushöhle wird in der Publikation des Tübinger Prähistorikers Joachim Hahn (1942–1997) mit dem Titel „Aurignacien. Das ältere Jungpaläolithikum in Mittel- und Osteuropa" (1977) nicht als Aurignacien-Fundstelle aufgeführt.

In Bayern beweisen Aurignacien-Werkzeuge aus der Großen und Kleinen Ofnethöhle bei Holheim (Kreis Donau-Ries) die Anwesenheit von Menschen dieser Kulturstufe. In Rheinland-Pfalz war die Höhle Buchenloch bei Gerolstein (Kreis Daun) im Aurignacien bewohnt. In Hessen dienten die Wildhaushöhle und die Wildscheuerhöhle bei Steeden (Kreis Limburg-Weilburg) als Aufenthaltsort. In der Wildhaushöhle nahm 1874 der Prähistoriker Carl August von Cohausen (1812–1894) aus Wiesbaden Untersuchungen vor. In der etwa 65 Meter von der Wildhaushöhle entfernten Wildscheuerhöhle grub 1905 der Forstmeister Heinrich Behlen (1860–1943), der damals in Haiger tätig war. 1908 wurde diese Höhle durch den Tübinger Prähistoriker Robert Rudolf Schmidt (1882–1950) untersucht.

Prähistoriker Carl August von Cohausen (1812–1894).
Aufnahme vor 1894.
(via Wikimedia Commons),
Lizenz: gemeinfrei (Public domain)

In Nordrhein-Westfalen besiedelten Aurignacien-Leute die Kartsteinhöhle bei Eiserfey (Kreis Euskirchen) und die Honerthöhle bei Balve (Märkischer Kreis). Niedersachsen und Schleswig-Holstein wurden – nach fehlenden Funden zu schließen – offenbar gemieden.

Zu den im Aurignacien aufgesuchten Höhlen gehören außerdem die Ilsenhöhle bei Ranis (Kreis Pößneck) in Thüringen und die Hermannshöhle bei Rübeland (Kreis Blankenburg) in Sachsen-Anhalt. Der Zugang zur Hermannshöhle wurde 1886 beim Straßenbau freigelegt. Der Name Hermannshöhle erinnert an den Geheimen Kammerrat Hermann Grotrian (1811–1887) von der Braunschweiger Forstdirektion, auf den die erste größere Vermessung und wissenschaftliche Erforschung zurückgeht. 1962 nahm die Archäologin Ute Steiner (1935–2015) aus Weimar in der Hermannshöhle Ausgrabungen vor.

Als die am besten erforschte Aurignacien-Siedlung im Freiland von Westdeutschland gilt die Fundstelle Weilerswist-Lommersum (Kreis Euskirchen) in Nordrhein-Westfalen. Um 1955 entdeckte der Heimatpfleger Jean Bensberg (1907–1984) auf einem Acker bei Weilerswist-Lommersum erstmals Feuersteinwerkzeuge. 1969 sowie 1971 bis 1974 nahm der Tübinger Prähistoriker Joachim Hahn dort Ausgrabungen vor. Dabei kamen außer Jagdbeuteresten auch Spuren einer Feuerstelle, Steinwerkzeuge und Rötel zum Vorschein.

Auf dem Zoitzberg südlich von Gera in Thüringen ließen sich sogar Spuren von Zelten oder Hütten nachweisen, die dort einst hoch über dem Elstertal von Aurignacien-Jägern errichtet worden sind. Die Funde auf dem Zoitzberg wurden durch den Friseurmeister und Heimatforscher Bruno Brause (1892–1941) aus Gera entdeckt und 1941 bekannt gemacht.

Siedlungsspuren fand man auch auf einem Hang bei Breitenbach (Kreis Zeitz) in Sachsen-Anhalt. Dort wurden neben Jagdbeuteresten etliche Werkzeuge aus Feuerstein entdeckt. Die ersten Funde in Breitenbach kamen in Herbst 1924 zum Vorschein, als der Besitzer eines Sägewerkes seinen Holzlagerplatz vergrößerte, wobei der nach Norden sanft ansteigende Hang angeschnitten wurde. Dabei stieß man in einer Tiefe von etwa 1 bis 1,50 Meter auf Tierknochen und -zähne sowie schwarze, mit Steinen und Knochenstücken durchsetzte Klumpen. Diese Funde wurden in den Abraum geworfen. Im Frühjahr 1925 erfuhr der Lehrer Erich Tiersch (1888–1973) aus Breitenbach von den Knochen im Abraum. Er erkannte als erster die Bedeutung des Fundes und informierte zuständige Stellen. Im April 1925 nahm das Berliner Völkerkundemuseum eine Grabung vor. Daran beteiligten sich der damals in Halle/Saale tätige schwedische Archäologe Nils Hermann Niklasson (1890–1966), der Berliner Prähistoriker Alfred Götze (1865–1948) und der Berliner Geologe Heß von Wichdorff (1877–1932). Nach fast zweijähriger Pause grub die „Landesanstalt für Vorgeschichte" in Halle/Saale mehrere Wochen lang. Dabei wurden Knochen und Zähne vom Mammut, Skeletteile vom Wolf und Hirsch sowie Schaber, Stichel und Bohrer aus Feuerstein geborgen.

Nach ihren Jagdbeuteresten zu schließen, haben sich die Auriginacien-Jäger nicht auf bestimmte Wildarten spezialisiert. Statt dessen beuteten sie in verschiedenen Teilen ihres Schweifgebietes die saisonal unterschiedlich zusammengesetzte Tierwelt aus und brachten Wildpferde, Rentiere, Mammute und Fellnashörner zur Strecke. In höhlenreichen und hochgelegenen Gebieten dürfte die mit mancherlei Risiken verbundene Jagd auf Höhlenbären betrieben worden sein.

Die Vielfalt der von den Aurignacien-Jägern erlegten Tierarten kommt sehr deutlich in den Jagdbeuteresten aus der Vogelherdhöhle zum Ausdruck. Dort barg man vor allem Reste vom Mammut, Wildpferd, Rentier, Fellhasen und Höhlenbären. Deutlich seltener waren Knochen vom Wolf, Fuchs, Eisfuchs, Vielfraß, Hirsch und der Gämse. Um Jagdbeutereste aus dem Aurignacien – oder dem nachfolgenden Gravettien – könnte es sich vielleicht auch bei den im Herbst 1816 in einer Lehmgrube am Cannstatter Seelberg bei Stuttgart entdeckten aufeinandergehäuften zwölf Mammutstoßzähnen handeln. Die Ausgrabungen an diesem Fundort fesselten König Friedrich von Württemberg (1754–1816) so sehr, dass er sich trotz des schlechten Wetters lange dort aufhielt. Dabei zog er sich eine Erkältung zu, der er nach wenigen Tagen erlag.

Der Tübinger Prähistoriker Joachim Hahn hat errechnet, dass eine Familie mit fünf Personen von einem erlegten Rentier etwa eine Woche lang leben konnte,. Allein für die Ernährung benötigte diese kleine Gemeinschaft also im Jahr etwa 50 Rentiere. Bei größeren Wildarten waren natürlich weniger Beutetiere erforderlich.

Vielleicht sind für fünf Personen sogar noch viel mehr als 50 Rentiere im Jahr erlegt worden, da man für die Überdachung von Zelten oder Hütten sowie für Kleidung und Schuhwerk zahlreiche Tierfelle brauchte. Schon für eine einzige Behausung waren Dutzende von Fellen erforderlich.

Beim Braten von Fleisch hatten die Aurignacien-Leute manchmal Mühe, in der baumlosen Steppe ausreichend Brennholz zu finden. Deshalb verwendeten sie zuweilen auch Knochen von Beutetieren als zusätzliches Brennmaterial. So war in Weilerswist-Lommersum der Boden unter der Feuerstelle mit Knochenöl angereichert,. Es war offenbar aus brennenden Knochen ausgeschmolzen.

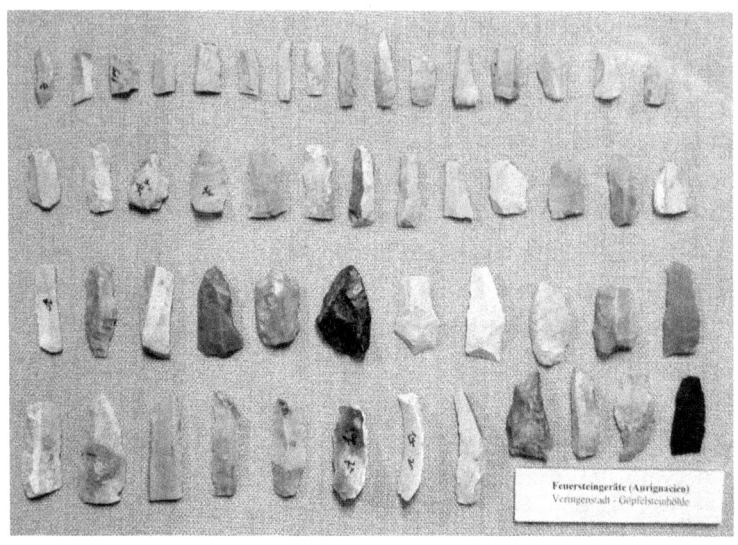

Feuersteinwerkzeuge aus dem Aurignacien
aus der Göpfelsteinhöhle bei Veringenstadt.
Foto: Th. Fink, Veringen / CC-BY-SA3.0
(via Wikimedia Commons)
lizensiert unter Creative-Commons-Lizenz by-sa-3.0,
https://creativecommons.org/licenses/by-sa/3.0/legalcode

Die Aurignacien-Leute trugen Kleidung aus Tierfellen und -
leder etwa nach Art der nordamerikanischen Indianer des 19.
Jahrhunderts. Die Felle bzw. das daraus angefertigte Leder
schnitt man mit Feuersteinwerkzeugen zurecht. Die Stückc
wurden am Rand mit Pfriemen durchstochen. Durch die dabei
entstandenen Löcher steckte man Sehnen oder dünne
Lederriemen, mit denen man die einzelnen Teile verband.
Das Aurignacien ist die älteste Klingen-Industrie der jüngeren
Altsteinzeit. Als Rohmaterial für die Werkzeuge dieser
Kulturstufe wurde fast ausschließlich Feuerstein verwendet.
Durch wohlüberlegte Hiebe mit einem Schlagstein schuf man
aus einer Rohknolle zunächst ein Kernstück (Nukleus). Dann
wurden von diesem möglichst lange, regelmäßige Späne –
nämlich die Klingen – losgetrennt. Aus solchen Klingen oder
weniger regelmäßigen Abfallstücken (Abspliss) formte man
durch Abdrücken oder Abschlagen von Gesteinssteilen
bestimmte Werkzeugformen wie Schaber, Bohrer und Stichel.
Dieser Vorgang wird Retuschieren genannt. Die Bezeichnungen
Klingen, Schaber, Bohrer, Stichel und andere Begriffe haben
in erster Linie formenkundliche Bedeutung. Sie sagen nicht
von vornherein etwas über den tatsächlichen Verwendungs-
zweck aus, obwohl die Prähistoriker, die den Geräten diesen
Namen gaben, dies meinten (Klinge zum Schneiden, Bohrer
zum Bohren, Schaber zum Schaben).
Das Rohmaterial für die Herstellung von Steinwerkzeugen
stammte teilweise aus örtlichen Vorkommen, zuweilen aber
aus entfernten Gebieten. So barg man in der Geißenklösterlehöhle bei Blaubeuren-Weiler neben Werkzeugen, die aus
Gestein der näheren Umgebung angefertigt waren, auch solche
aus sehr glattem gebändertem Jaspis, wie er in der Fränkischen
Alb oder deren Vorland in mindestens 100 Kilometer Ent-
fernung vorkommt.

Die Steinwerkzeuge aus dem älteren Aurignacien der Geißen-
klösterlehöhle wurden vor allem zur Bearbeitung von harten
Materialien – wie Knochen, Geweih oder Elfenbein – benutzt.
Dies zeigte die Untersuchung von Gebrauchsspuren. Im
mittleren Aurignacien dienten die Steinwerkzeuge aus dem
Geißenklösterle zur Fellbearbeitung sowie zum Schnitzen von
Knochen, Geweih oder Elfenbein. Außer Werkzeugen aus Stein
formten die Aurignacien-Leute solche aus Tierknochen an,
beispielweise Glätter, Kerbstäbe und Pfrieme.
Die Holzlanzen und -speere wurden mit aus Tierknochen oder
Mammutelfenbein geschnitzten Spitzen bewehrt. Es gab im
Aurignacien solche mit gespaltener Basis und andere mit
massiver Basis, die Lautscher Spitzen genannt werden. Die
Knochenspitzen vom Lautscher Typ ohne gespaltene Basis sind
zuerst aus den Tropfsteinhöhlen von Mladec (früher Lautsch)
bei Litovel (Littau) in Mähren (Tschechien) beschrieben worden.
Als die berühmteste dieser Höhlen gilt die Mladec-Höhle
(früher Fürst-Johann-Höhle), in der zahlreiche Entdeckungen
gelangen.
Der Eingang der Mladec-Höhle von Mladec wurde 1828 durch
einen Steinbruchbetrieb entdeckt, der dort Straßenschotter
abbaute. 1881 nahm der Wiener Archäologe Josef Szombathy
(1853–1943) im Auftrag der „Prähistorischen Kommission der
Wiener Akademie der Wissenschaften" und mit Genehmigung
des regierenden Fürsten Johann II. von und zu Liechtenstein
(1840–1929) Ausgrabungen vor. Dabei fand er 1881 ein
menschliches Schädeldach und 1882 weitere Skelettreste. Ab
1902 grub der Besitzer der Höhle, Jan Nevrly, teilweise
zusammen mit dem Oberlehrer und Prähistoriker Jan Knies
(1860–1937), wiederholt in der Höhle. Nevrly, zerstritten mit
der Fürstenfamilie Liechtenstein, baute eine Grenzmauer auf
und öffnete später sogar einen neuen Zugang zur Höhle. 1904

kamen in einem kleinen, westlich neben dem Höhleneingang betriebenen Steinbruch unter dem eingestürzten Felsdach in einer Lehmablagerung Skelettteile von drei Menschen (zwei Erwachsene, ein Kind) zum Vorschein. Nach 1910 führten der Museumsverband von Litovel (Littau) unter Stanislav Smékal (1855–1927) Grabungen durch. 1912 erwarb die „Lautscher Gesellschaft" die Höhle. Insgesamt wurden in Mladec Skelettreste von mindestens sieben Menschen entdeckt. Eine Spitze mit gespaltener Basis fand man in der Fischleithenhöhle in Bayern. Eine besonders prächtige Lautscher Spitze kam bei Ausgrabungen in der Wildhaushöhle in Hessen zum Vorschein. Dieses aus einem Mammutknochen geschaffene Stück ist fast 40 Zentimeter lang und maximal fünfeinhalb Zentimeter breit. Außerdem barg man in der Hermannshöhle in Thüringen eine Lautscher Spitze.

In seltenen Fällen geben sogar Kunstwerke aus dem Aurignacien einen Hinweis für das Tragen von Kleidung. So wird beispielsweise ein zwischen den Beinen einer Menschendarstellung aus der Geißenklösterlehöhle erkennbarer Fortsatz als Lendenschurz gedeutet.

Die Aurignacien-Leute hatten bereits ein ausgeprägtes Bedürfnis, sich zu schmücken. Hierzu verwendeten sie unter anderem Schneckengehäuse, die sie durchlochten, auf Ketten auffädelten oder auf die Kleidung nähten. Eine solche Schmuckkette mit einer Durchbrechung wurde ein Königsbach-Stein (Enzkreis) in Baden-Württemberg gefunden. Die Bewohner der Brillenhöhle bei Blaubeuren trugen durchlochte Eisfuchszähne und eine Halskette aus Elfenbeinanhängern. In der Geißenklösterlehöhle bei Blaubeuren fand man einen 6,7 Zentimeter langen Elfenbeinanhänger, der doppelt durchlocht war. Außerdem barg man dort durchlochte Zähne vom Eisfuchs und Steinbock sowie Perlen aus Röhrenknochen vom

Der österreichische Prähistoriker Josef Szombath (1853–1943)
entdeckte 1881/1882 in der Fürst-Johann-Höhle
(heute: Mladec-Höhle) bei Lautsch (Mladec) in Tschechien
fossile Überreste früher anatomisch moderner Menschen
aus dem Aurignacien. Foto (via Wikimedia Commons),
Lizenz: gemeinfrei (Public domain)

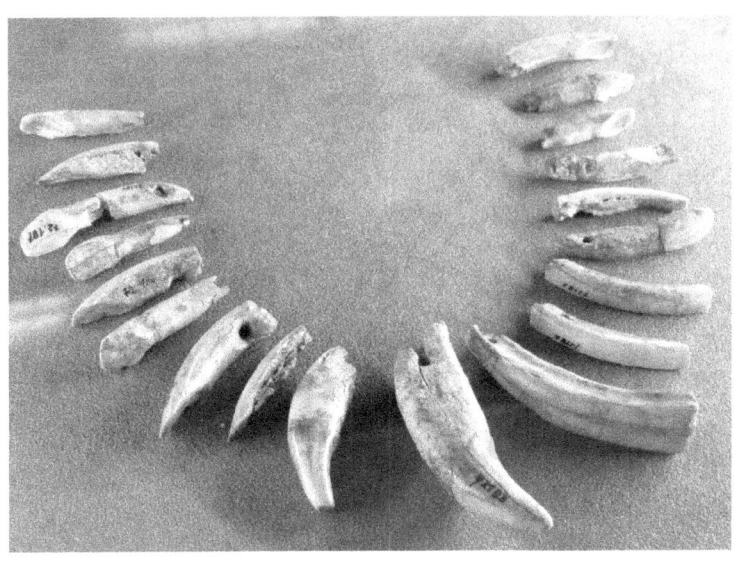

*Kette aus Zähnen vom Höhlenbär, Wildpferd, Elch und Biber
aus Mladec (Lautsch) in Tschechien.
Originale im „Naturhistorischen Museum Wien".
Foto: Wolfgang Sauber / CC-BY-SA4.0 (via Wikimedia Commons)
lizensiert unter Creative-Commons-Lizenz by-sa-4.0-de,
https://creativecommons.org/licenses/by-sa/4.0/legalcode*

Halbrelief eines Menschen mit hoch erhobenen Armen
und gespreizten, hufartigen Füßen
aus der Geißenklösterlehöhle bei Blaubeuren-Weiler im Achtal.
Foto: Thilo Parg / CC-BY-SA3.0
(via Wikimedia Commons)
lizensiert unter Creative-Commons-Lizenz by-sa-3.0,
https://creativecommons.org/licenses/by-sa/3.0/legalcode

Schneehasen, die wohl Bestandteile einer Kette waren. Ein Ammonit aus der Vogelherdhöhle weist die Aurignacien-Leute als frühe Fossiliensammler aus. Ein Anhänger aus der Geißenklösterlehöhle besteht aus grünlich-braunem Speckstein, dessen nächste Vorkommen im Fichtelgebirge und in der Schweiz liegen. Damit ist dieses Schmuckstück ein Beleg für weite Wanderungen oder beginnende Tauschgeschäfte. Aus ähnlichem Material sind die Specksteinanhänger aus der Wildscheuerhöhle in Hessen angefertigt worden. Die Beliebtheit von durchbohrten Eisfuchszähnen für Schmuckzwecke wird außerdem durch Funde aus Breitenbach in Thüringen belegt.

Es ist ein merkwürdiger Zufall, dass in Deutschland bisher fast sämtliche Funde von Kunstwerken aus dem Aurignacien aus den eng benachbarten Höhlen des Achtals und des Lonetals in Baden-Württemberg zum Vorschein kamen. Dabei handelt es sich um die Geißenklösterlehöhle im Achtal sowie um die Vogelherdhöhle und die Höhle Hohlenstein-Stadel im Lonetal, die schon in anderem Zusammenhang erwähnt wurden. In diesen drei Höhlen sowie in der Höhle Hohler Fels bei Schelklingen entdeckte man aus Mammutelfenbein geschnitzte Figuren.

Unter den Kunstwerken aus der Geißenklösterlehöhle ist vor allem ein vor etwa 32.000 Jahren geschaffenes Elfenbeinplättchen beachtenswert, auf dem das Halbrelief eines Menschen zu erkennen ist. Mit hoch erhobenen Armen und gespreizten, hufartigen Füßen nimmt er die Körperhaltung eines Betenden (Adorant) oder Zauberers (Schamane) ein. Am linken Arm sind mehrere Kerben eingeschnitten. Der lange Fortsatz zwischen den Beinen wird – wie erwähnt – als Lendenschurz, aber auch als übertrieben großer Phallus oder Tierschwanz gedeutet. Der Rand des 3,8 Zentimeter langen, 1,4 Zentimeter breiten und fast einen halben Zentimeter dicken Elfenbeinplättchens ist auf der Rückseite gekerbt. Die Rückfront enthält außerdem vier Einstichreihen mit unterschiedlich vielen Vertiefungen, die nach Ansicht mancher Prähistoriker vielleicht als kalenderartige Aufzeichnungen gedacht waren. Gefunden wurde das Elfenbeinplättchen aus der Geißenklösterlehöhle in einer Ansammlung besonderer Objekte. Zu ihnen gehörten ein Lochstab, Schmuck, ein Rötelfleck und als große Seltenheit ein rot, gelb und schwarz bemalter, ehemals weißer Kalkstein. Der 8,4 Zentimeter lange, 6,2 Zentimeter breite und 4,5 Zentimeter hohe, recht unregelmäßige Stein hatte vermutlich eine gelbe Fläche, die rotschwarz eingerahmt war. Man deutet diese Häufung von ungewöhnlichen Objekten auf engstem Raum als einen Hinweis darauf, dass hier etwas Besonderes stattfand.

Aus der Geißenklösterlehöhle stammen außerdem Elfenbeinschnitzereien, die das Mammut (zwei Funde), den Wisent und den Höhlenbären zeigen (Stand 1991). Der Höhlenbär wird besonders eindrucksvoll aufgerichtet mit offenem Maul in Droh- oder Angriffshaltung dargestellt.

Besonders gelungene Tierfiguren aus Elfenbein wurden vor etwa 32.000 Jahren in der Vogelherdhöhle im Lonetal zu unterschiedlichen Zeiten absichtlich abgelegt. Seit den ersten Ausgrabungen des Tübinger Prähistorikers Gustav Riek (1900–1976) hat man drei Mammute, ein Fellnashorn, einen Wisent, ein Wildpferd und fünf Raubkatzen, bei denen es sich wohl um Höhlenlöwen handelt, entdeckt. Diese Kunstwerke sind nur wenige Zentimeter groß. Sie wirken erstaunlich realistisch, obwohl Details manchmal fehlen oder übertrieben dargestellt sind. So ist beispielsweise der schwanenhafte Hals des fünf Zentimeter langen Wildpferdes zu lang. Doch gerade der geschwungene Hals lässt diese Schnitzerei so lebendig erscheinen.

Da an etlichen Tierfiguren aus der Vogelherdhöhle Reste von Ösen erkennbar sind, dürften sie als Amulette gedient haben, die dem Träger vielleicht magische Kraft für die Jagd oder für den Wettbewerb mit anderen Stammesgenossen verleihen sollten. Möglicherweise waren diese wertvollen Objekte nur Schamanen vorbehalten. Viel plumper als die meisterhaften Tierfiguren ist eine Menschendarstellung mit knopfartigem Kopf vom gleichen Fundort gestaltet.

Das geheimnisvollste Kunstwerk aus dem Aurignacien in Deutschland ist wohl ein fast 30 Zentimeter hohes, aus Elfenbein geschnitztes Mensch-Tier-Wesen aus der Höhle Hohlenstein-Stadel. Die leicht gekrümmte Form der schlanken Gestalt rührt von der natürlichen Biegung des von einem jungen Mammut stammenden Stoßzahns her. Die Figur steht aufrecht, trägt den Kopf einer Höhlenlöwin mit nach vorn gerichteten Ohren, sie blickt aufmerksam in die Ferne, hat einen ruhig herabhängenden linken Arm (der rechte fehlt) sowie gespreizte Beine und Füße mit Hufen.

Auf dem linken Arm wurden Einschnitte vorgenommen. Im Bereich des Bauches schließt eine scharf geschnittene Querrille in der Mitte zwischen Nabel und Schritt den Schamberg oben ab. Dessen Dreieck tritt durch die markant geschnittenen Leisten- und Schenkellinien deutlich hervor. Das Tier-Mensch-Wesen besitzt demnach weibliches Geschlecht. Die schräg gestellten Fußsohlen eigneten sich nicht als Standfläche. Man weiß nicht, ob diese Figur einst gestützt, aufgehängt, gelegt oder getragen wurde.

Die Fragmente des Mensch-Tier-Wesens wurden erst 1970 bei der Inventarisierung des Fundmaterials aus dem Hohlenstein-Stadel in den „Prähistorischen Sammlungen" in Ulm entdeckt. Sie kamen in einem Karton voller Tierknochen zum Vorschein. Die Tübinger Prähistoriker Joachim Hahn,

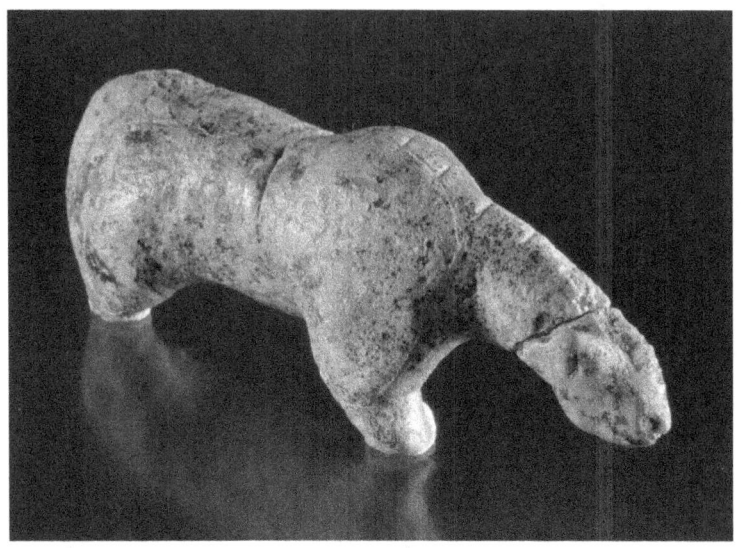

Aus Mammutelfenbein geschnitzte Raubkatze
aus der Vogelherdhöhle bei Niederstotzingen im Lonetal.
Foto: Museopedia / CC-BY-SA4.0
(via Wikimedia Commons)
lizensiert unter Creative-Commons-Lizenz by-sa-4.0-de,
https://creativecommons.org/licenses/by-sa/4.0/legalcode

Aus Mammutelfenbein geschnitztes Wildpferd
aus der Vogelherdhöhle bei Niederstotzingen im Lonetal.
Foto: Wuselig / CC-BY-SA3.0
(via Wikimedia Commons)
lizensiert unter Creative-Commons-Lizenz by-sa-3.0-en,
https://creativecommons.org/licenses/by-sa/3.0/legalcode

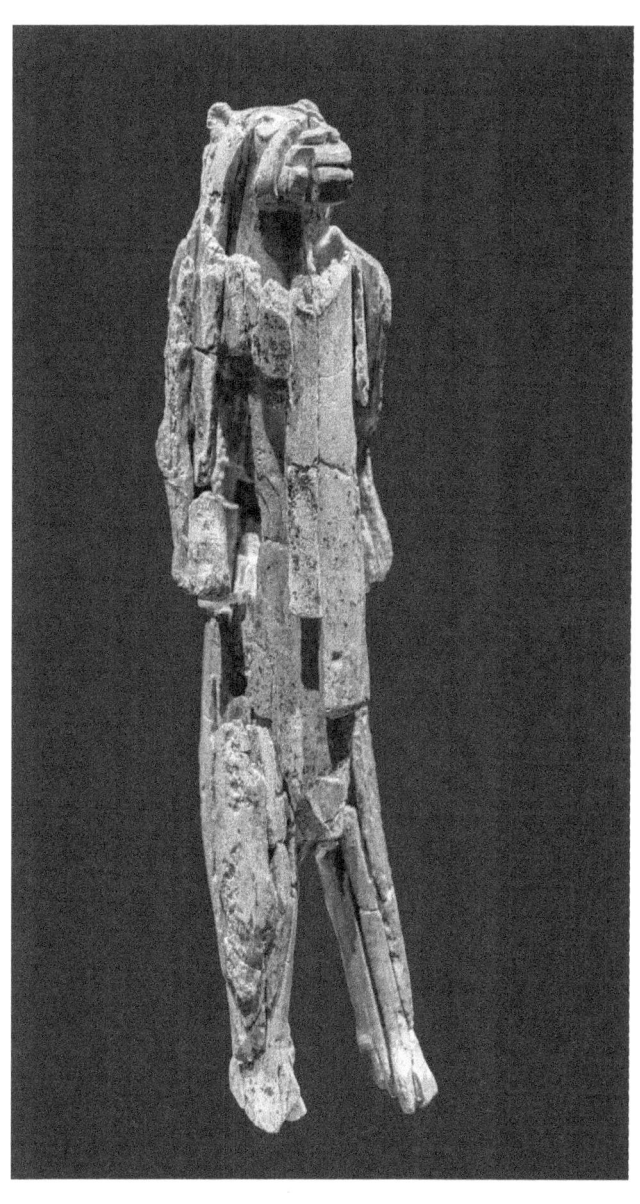

*Amerikanisch-deutscher Prähistoriker Nicholas J. Conard
in der Höhle Hohler Fels bei Schelklingen,
in der er seit 1997 Ausgrabungen vornimmt.*

Hartwig Löhr und Gerd Albrecht bemerkten an den etwa 200 Bruchstellen Bearbeitungsspuren und fügten sie allmählich zu einer Figur zusammen. Später fand man weitere Fragmente, darunter zwei länglich-ovale Lamellen, die vielleicht Teile einer weiblichen Brust darstellten. Das mysteriöse Mischwesen aus dem Hohlenstein-Stadel könnte sich vielleicht einmal als Schlüsselfigur für das Verständnis der Vorstellungswelt der Aurignacien-Leute erweisen.

In der Höhle Hohler Fels bei Schelklingen (Alb-Donau-Kreis) gelang bei einer Ausgrabung des amerikanisch-deutschen Prähistorikers Nicholas J. Conard im September 2008 die Entdeckung einer kleinen zerbrochenen Frauenfigur aus Mammutelfenbein ohne Kopf mit großen Brüsten. Aufgefunden hat man die Bruchstücke etwa 20 Meter vom Höhleneingang entfernt rund drei Meter unter der heutigen Oberfläche des Höhlenbodens. Die Figur war in sechs Teile zerbrochen, die dicht beieinander und übereinander lagen. Man setzte die Fragmente zusammen, die eine nackte Frauenfigur ergaben, und präsentierte die „Venus vom Hohle Fels" (auch Hohlefels) am 13. Mai 2009 der Presse. Laut Radiokohlenstoff-Datierung sind die Schichten Va und Vb, in der die Teile zum Vorschein kam, mindestens 35.000 Jahre alt. Diese älteste bekannte Menschendarstellung wurde 2009 in der „Landes-ausstellung Baden-Württemberg" mit dem Titel „Eiszeit – Kunst und Kultur" im „Kunstgebäude Stuttgart" gezeigt. Seit 2014 bildet die „Venus vom Hohle Fels" eine Attraktion in der neuen Dauerausstellung des „Urgeschichtlichen Museums Blaubeuren". Die Figur ist 59,7 Millimeter hoch, 34,6 Millimeter breit, 31,3 Millimeter dick und 33,3 Gramm schwer. Statt eines Kopfes trägt sie eine quer durchlochte Öse, was verrät, dass sie als Anhänger diente. Der linke Arm und die Schulter fehlen. Die Figur weist etliche Ritzlinien und Kerben auf. Der

Foto auf Seite 45:

Sensationsfund vom September 2008:
„Venus vom Hohle Fels" bei Schelklingen in Baden-Württemberg.
Foto: Ramessos / CC-BY-SA3.0 (via Wikimedia Commons)
lizensiert unter Creative-Commons-Lizenz by-sa-3.0-de,
https://creativecommons.org/licenses/by-sa/3.0/legalcode3.0

„Venus vom Galgenberg" aus Stratzing bei Krems in Österreich.
Foto: Aiwok / CC-BY-SA3.0AT (via Wikimedia Commons)
lizensiert unter Creative-Commons-Lizenz by-sa-3.0-at,
https://creativecommons.org/licenses/by-sa/3.0/at/legalcode

englische Prähistoriker Paul Mellars meinte, die figürlichen Merkmale jener Venus würden nach Maßstäben des 21. Jahrhunderts an Pornographie grenzen. Bei den Grabungen von Nicholas Conard in der Höhle Hohler Fels ab 1997 wurden bis 2019 neben mehr als 80.000 Steinwerkzeugen und fast 300 Schmuckstücken auch etliche aus Mammutelfenbein geschnitzte Kunstwerke geborgen. Zu den Kunstwerken gehören ein 3,6 Zentimeter großer Pferdekopf (1999), ein in zwei Teilen gefundener großer Wasservogel (2001/ 2002), eine 2,5 Zentimneter große menschliche Gestalt, die vielleicht einen Löwenkopf trägt (2002), die 6 Zentimeter große „Venus vom Hohle Fels" (2008) und zwei Elfenbeinbruchstücke einer weiteren „Venusfigur" (2015).

Als das älteste Kunstwerk Österreichs gilt die am 23. September 1988 bei Ausgrabungen der Prähistorikerin Christine Neugebauer-Maresch am Galgenberg von Stratzing bei Krems entdeckte Menschenfigur. Sie wurde aus einer schiefrigen, grünen Amphibolitplatte geschaffen. Die Vorderseite des 7,20 Zentimeter hohen Kunstwerkes ist halbrund gestaltet, die Rückseite teilweise flach belassen. Auf der Rückseite sind deutlich Ritzlinien sichtbar. Der Kopf weist an der dem erhobenen Arm zugewandten Seite Kerben auf.

Die aus mehreren Bruchstücken zusammengesetzte Figur ist vielleicht weiblich. Christine Neugebauer-Maresch meinte jedenfalls eine links zur Seite gedrehte Brust zu erkennen. Sie wirkt nicht steif und dick wie die etwa 5.000 Jahre später geschaffene „Venus von Willendorf" aus dem Gravettien, die 1908 geborgen wurde. Mit ihren normalen Proportionen, dem erhobenen linken Arm, dem seitlich abgestemmten rechten Arm, dem gedrehten Körper und den deutlich getrennten Beinen erscheint sie eher grazil und tänzerisch. Deshalb hat man sie in Anlehnung an Fanny Elßler, die berühmste Tän-

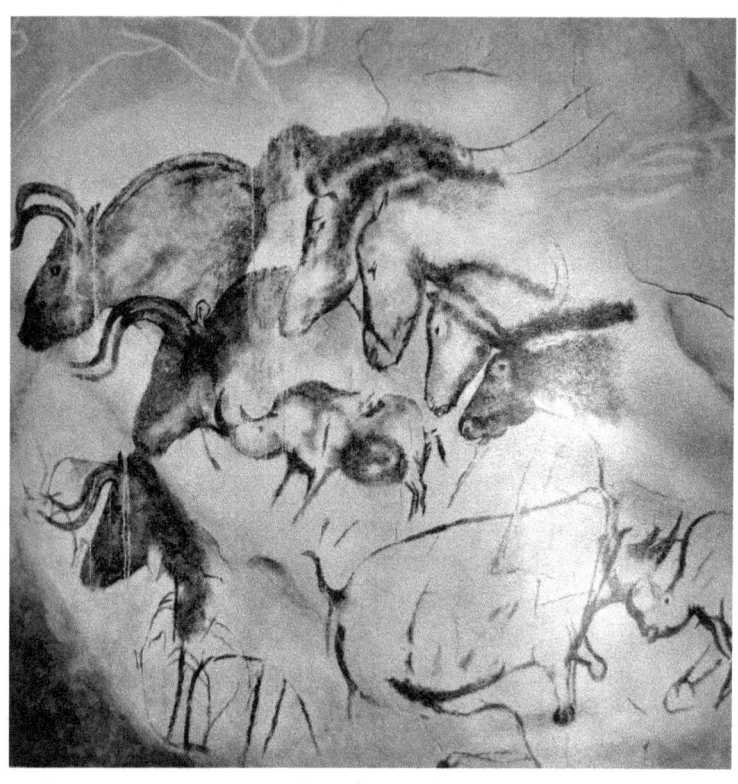

Darstellungen von Auerochsen, Wildpferden
und Fellnashörnern in der Chauvet-Höhle
bei Vallon-Pont-d'Arc im französischen Département Ardèche.
Foto: Thomas T. / CC-BY-SA2.0 (via Wikimedia Commons)
lizensiert unter Creative-Commons-Lizenz by-sa-2.0,
https://creativecommons.org/licenses/by-sa/2.0/legalcode

zerin Österreichs, als „Fanny – die tanzende Venus vom Galgenberg" bezeichnet. Das geologische Alter von „Fanny" wurde durch Radiokarbondatierungen von Holzkohleresten am „Centrum voor Isotopen Onderzoek" in Groningen (Holland) ermittelt. Demnach ist „Fanny" etwa 31.700 Jahre alt und stammt aus dem Aurignacien.

Am weiblichen Geschlecht der Menschenfigur von Stratzing sind später allerdings Zweifel laut geworden. Der Prähistoriker Friedrich Brandtner aus Gars deutet das Kunstwerk als einen Jäger mit geschulterter Keule. Derartige Keulen sind aus mährischen Lagern von Mammutjägern bekannt. Die von Christine Neugebauer-Maresch erwähnte weibliche Brust – wird von Brandtner als Rest eines abwinkelten Armes betrachtget.

Höhlenbilder aus dem Aurignacien, wie es sie in Frankreich gibt, konnten bisher in Deutschland nicht nachgewiesen werden. Zwei in älterer Literatur aufgeführte Felszeichnungen aus Bayern (Kleines Schulerloch, Kastlhänghöhle) sind viel jünger. Von begnadeten Künstlern aus dem Aurignacien sind die eindrucksvollen Tierbilder in der Chauvet-Höhle nahe der südfranzösischen Kleinstadt Vallon-Pont-d'Arc im Département Ardèche geschaffen worden. Diese im Dezember 1994 durch die französischen Speläologen Jean-Marie Chauvet, Eliette Brunel Deschamps und Christian Hillaire im Tal der Ardèche entdeckte Höhle enthält Bilder von Fellnashörnern, Wildpferden, Höhlenlöwen und anderen eiszeitlichen Tieren. Der schmale Einstieg in die Höhle hatte sich durch einen Luftzug verraten.

Mit Hilfe der Radiocarbon-Methode (14C-Methode) konnten die mehr als 300 Wandbilder mit über 400 Tierdarstellungen in der Chauvet-Höhle auf ein Alter zwischen etwa 33.000 und 30.000 Jahren datiert werden. Sie gelten als die ältesten bekannten Höhlenmalereien und Höhlenzeichnungen.

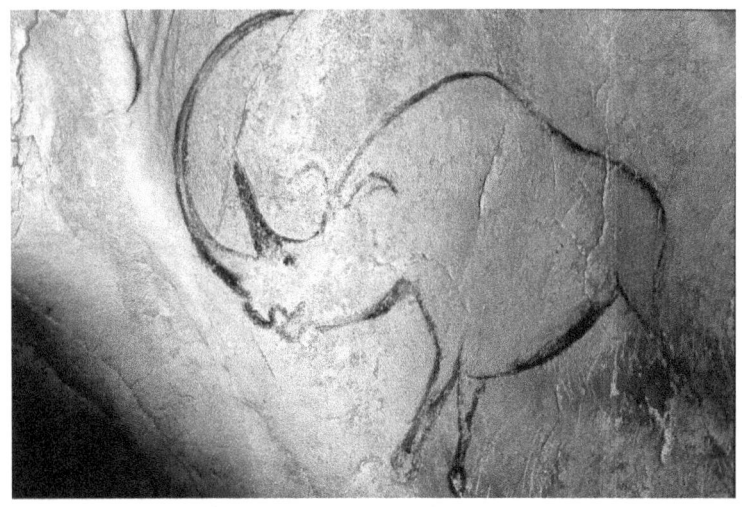

Darstellung eines Fellnashorns in der Chauvet-Höhle
bei Vallon-Pont-d'Arc im französischen Département Ardèche.
Foto: Inocybe at French Wikipedia /
Lizenz: gemeinfrei (Public domain)

Wegen ihrer schier unglaublich hohen Qualität drängt sich zunächst der Eindruck einer Fälschung auf, doch eine solche ist – laut Online-Lexikon „Wikipedia" – allein schon auf Grund der Versinterung der Farbaufträge auszuschließen. Trotzdem gibt es von Seiten prominenter Chronologie-Kritiker nach wie vor Fälschungsvorwürfe, die von der Fachwelt aber allgemein als abwegig betrachtet werden.

Unter den Tierbildern der Chauvet-Höhle befinden sich 71 Darstellungen von Höhlenlöwen mit unterschiedlicher Körperhaltung – von aufmerksam-lauernd bis drohend-aggressiv. Weil die männlichen Höhlenlöwen im Gegensatz zu heutigen Löwen keine Mähne trugen, kann man sie nur wegen ihrer größeren Maße und teilweise wegen der Darstellung ihres Geschlechtsteils von den weiblichen unterscheiden. Bei einer Raubkatze mit geflecktem Fell aus der Chauvet-Höhle soll es sich um einen Leoparden handeln.

Die kunstsinnigen Aurignacien-Menschen haben vermutlich auch die Musik geschätzt. Aus Höhlen im Achtal und Lonetal in Baden-Württemberg sind etliche mindestens 35.000 Jahre alte Flöten aus Vogelknochen bekannt. Fragmente einer aus dem Flügelknochen eines Singschwans geschnitzten Flöte mit drei Grifflöchern wurden 1973 in der Geißenklösterlehöhle bei Blaubeuren-Weiler entdeckt und 1990 zusammengesetzt. Im Sommer 2008 fand man in der Höhle Hohler Fels bei Schelklingen eine 22 Zentimeter lange Flöte mit fünf Löchern aus dem Speichenknochen eines Gänsegeiers.

In Deutschland konnte bisher weder in einer Höhle noch im Freiland das vollständig erhaltene Skelett eines Aurignacien-Menschen entdeckt werden. Statt dessen barg man Schädelreste (Brühl, Honerthöhle, Oppau, Ilsenhöhle), einzelne Zähne (Kleine Ofnethöhle, Schafstall, Sirgensteinhöhle) und an manchen Fundorten noch spärliche Reste vom übrigen Skelett.

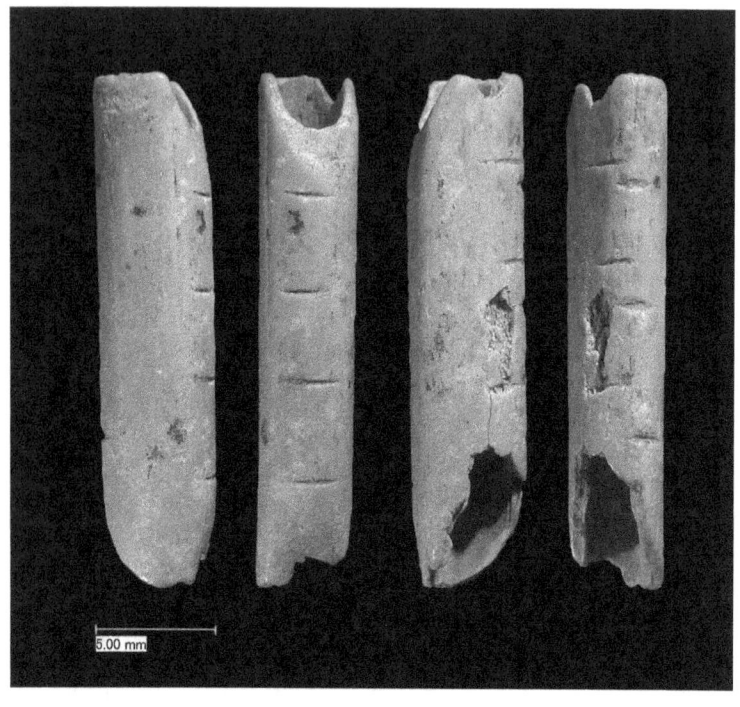

Bruchstücke einer Flöte mit fünf Löchern
aus dem Speichenknochen eines Gänsegeiers aus der Höhle Hohler Fels
bei Schelklingen. Foto: Museopedia / CC-BY-SA4.0
(via Wikimedia Commons) lizensiert unter Creative-Commons-Lizenz
by-sa-4.0-en, https://creativecommons.org/licenses/by-sa/4.0/legalcode

Foto auf Seite 53:
Flöte aus dem Flügelknochen eines Singschwans
aus der Geißenklösterlehöhle bei Blaubeuren-Weiler.
Foto: Thilo Parg / CC-BY-SA3.0 (via Wikimedia Commons)
lizensiert unter Creative-Commons-Lizenz by-sa-3.0-de,
https://creativecommons.org/licenses/by-sa/3.0/legalcode

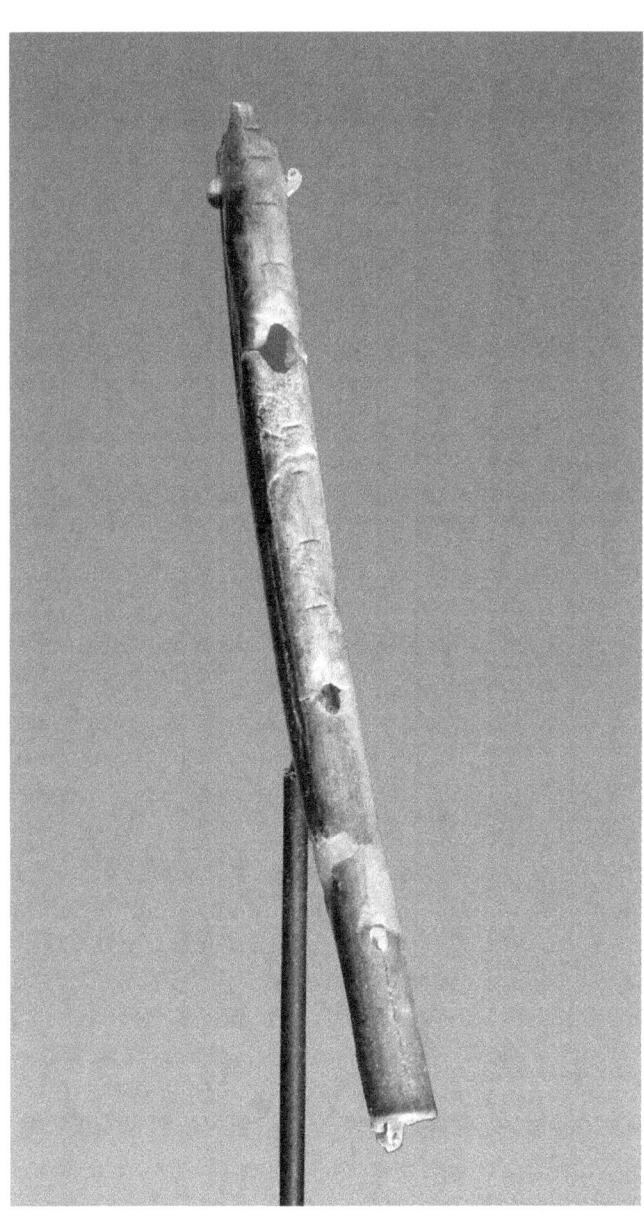

In der Höhle Paviland in Wales hat man 1825 das erste Skelett eines Cro-Magnon-Menschen entdeckt. Es wurde dem Museum von Oxford übergeben und als weibliches Skelett bezeichnet. Weil die Knochen durch Ocker rot gefärbt waren, sprach man von der „Red Lady of Paviland". 1913 wies ein englischer Forscher nach, dass die „Red Lady" ein Mann war und das Skelett aus Schichten des Aurignacien stammt. Ob man die unsicher datierten verschollenen mindestens 17 Skelette aus der Höhle von Aurignac in Frankreich zum Aurignacien zählen darf, ist ungewiss. Die hohe Zahl der Bestatteten spricht eher für ein jüngeres Alter.

Das Überwiegen von Schädelresten und weitgehende Fehlen von anderen Skelettelementen in Deutschland ist dennoch nicht durch einen eventuellen Schädelkult zu erklären. Denn die Bestattungen sind weitgehend ohne Schädelmanipulationen. Lediglich am Gelenkköpfchen des Kinderunterkiefers aus der Ilsenhöhle bei Ranis sind Defekte sowie auf der Innenseite dieses Fundes Schnittspuren zu erkennen. Belege für rituell motivierten Kannibalismus kennt man bisher aus Deutschland nicht.

Über die Vorstellungswelt der Aurignacien-Leute liefern die Kunstwerke aus dieser Zeit einige Anhaltspunkte. Das Mischwesen aus dem Hohlenstein-Stadel – und womöglich auch die Gestalt aus der Geißenklösterlehöhle – mit der Kombination von menschlichen und tierischen Merkmalen repräsentiert vielleicht ein Maximum an Kraft und Stärke. Wenn diese Vermutung zuträfe, könnte es sich dabei um die Darstellung einer Gottheit handeln, vielleicht um den Herrn der Tiere oder des Jagdreviers? Daneben werden die Löwenfiguren aus der Vogelherdhöhle sowie die Bärenfigur aus dem Geißenklösterle als Sinnbild für Kraft und Stärke angesehen. Sie dürften wohl als bewegliche Heiligtümer gedient haben. Manche

Prähistoriker spekulieren darüber, ob die Aurignacien-Leute bestimmte Tiere als Schutzgeist – sozusagen als zweites Ich – betrachteten. Vielleicht haben sich die damaligen Jäger sogar mit den von ihnen getöteten Wildtieren durch bestimmte Riten versöhnt.

Traditionell werden „Venusfiguren" aus der jüngeren Altsteinzeit von Prähistorikern als Fruchtbarkeitssymbole gedeutet. Daneben gibt es teilweise die abenteuerlichsten Erklärungsversuche. Im Online-Lexikon „Wikipedia" beispielsweise wird eine Abwehr der „Brüstehalterin" bzw. „Brustweiserin" erwähnt. Über Selbstdarstellungen prähistorischer Frauen spekulierten 1996 der Kunsthistoriker Leroy D. McDermott und die Anthropologin Catherine Hodge McCoid. Sie argumentierten, die Ausführung der „Venusfiguren" entspräche der Perspektive, die sich einer Frau böte, wenn sie an sich herunterschaue. Das erkläre das Fehlen der Gesichtszüge, die Prominenz der Brüste, großen Bäuche und winzige Füße.

In der Literatur findet man über die Dauer des Aurignacien sehr unterschiedliche Angaben. Im Buch „Deutschland in der Steinzeit" (1991) von Ernst Probst beispielsweise begann diese Kulturstufe vor etwa 35.000 Jahren und endete vor rund 29.000 Jahren. Auch im „Lexikon für Biologie" von „Spektrum.de" setzt das Aurignacien vor etwa 35.000 Jahren ein. Bei „Wissenschaft.de" dauert es von etwa 43.000 bis 28.000 Jahren. Im Online-Lexikon „Wikipedia" wiederum währt es von rund 40.000 bis 31.000 Jahren. Schuld an diesem Wirrwarr sind unsichere Datierungen. Bei Radiokohlenstoffdaten wirkt sich nachteilig aus, dass der atmosphärische 14C-Gehalt zwischen etwa 35.000 und 32.500 vor heute wegen Schwankungen des Erdmagnetfeldes beträchtlich differierte. Außerdem ist diese Methode empfindlich gegenüber Verunreinigungen. Eine auf

40.000 vor heute datierte Probe, die zu einem Prozent mit heutigem Kohlenstoff verunreinigt ist, wird bereits über 6.000 Jahre jünger.

Bild auf Seite 57:
Ein Jäger aus dem Aurignacien vor mehr als 30.000 Jahren
schnitzt aus Mammutelfenbein eine Frauenfigur mit Löwenkopf.
Zeichnung von Fritz Wendler (1941–1995)
für das Buch „Deutschland in der Steinzeit" (1991)
von Ernst Probst

Autor Ernst Probst,
Foto: Klaus Benz, Mainz-Laubenheim

Der Autor

Ernst Probst, geboren am 20. Januar 1946 in Neunburg vorm Wald im bayerischen Regierungsbezirk Oberpfalz, ist Journalist und Wissenschaftsautor. Er arbeitete von 1968 bis 1971 bei den „Nürnberger Nachrichten", von 1971 bis 1973 in der Zentralredaktion des „Ring Nordbayerischer Tageszeitungen" in Bayreuth und von 1973 bis 2001 bei der „Allgemeinen Zeitung", Mainz. In seiner Freizeit schrieb er Artikel für die „Frankfurter Allgemeine Zeitung", „Süddeutsche Zeitung", „Die Welt", „Frankfurter Rundschau", „Neue Zürcher Zeitung", „Tages-Anzeiger", Zürich, „Salzburger Nachrichten", „Die Zeit", „Rheinischer Merkur", „Deutsches Allgemeines Sonntagsblatt", „bild der wissenschaft", „kosmos", „Deutsche Presse-Agentur" (dpa), „Associated Press" (AP) und den „Deutschen Forschungsdienst" (df). Aus seiner Feder stammen die Bücher „Deutschland in der Urzeit" (1986), „Deutschland in der Steinzeit" (1991), „Rekorde der Urzeit" (1992), „Dinosaurier in Deutschland" (1993 zusammen mit Raymund Windolf) und „Deutschland in der Bronzezeit" (1996). Von 2001 bis 2006 betätigte sich Ernst Probst als Buchverleger sowie zeitweise als internationaler Fossilienhändler und Antiquitätenhändler. Insgesamt veröffentlichte er mehr als 300 Bücher, Taschenbücher, Broschüren und über 300 E-Books.

Bücher von Ernst Probst

(Auswahl)

Als Mainz im Meer lag
Als Mainz noch nicht am Rhein lag
Christl-Marie Schultes. Die erste Fliegerin in Bayern
(zusammen mit Theo Lederer)
Der Europäische Jaguar
Der Mosbacher Löwe. Die riesige Raubkatze aus
Wiesbaden
Der Rhein-Elefant. Das Schreckenstier von Eppelsheim
Der Schwarze Peter. Ein Räuber im Hunsrück und
Odenwald
Der Ur-Rhein. Rheinhessen vor zehn Millionen Jahren
Deutschland im Eiszeitalter
Deutschland in der Frühbronzezeit
Deutschland in der Mittelbronzezeit
Deutschland in der Spätbronzezeit
Die Aunjetitzer Kultur in Deutschland
Die Straubinger Kultur in Deutschland
Die Singener Gruppe
Die Arbon-Kultur in Deutschland
Die Ries-Gruppe und die Neckar-Gruppe
Die Adlerberg-Kultur
Der Sögel-Wohlde-Kreis
Die nordische Bronzezeit in Deutschland
Die Hügelgräber-Kultur in Deutschland
Die ältere Bronzezeit in Nordrhein-Westfalen
Die Bronzezeit in der Lüneburger Heide

Königinnen der Lüfte
Königinnen der Lüfte in Deutschland
Königinnen der Lüfte in Europa
Königinnen der Lüfte in Frankreich
Königinnen der Lüfte in England und Australien
Königinnen der Lüfte in Amerika
Königinnen der Lüfte von A bis Z
Königinnen des Tanzes
Malende Superfrauen
Meine Worte sind wie die Sterne Die Entstehung der Rede
des Häuptlings Seattle (zusammen mit Sonja Probst,
verheiratete Werner)
Monstern auf der Spur. Wie die Sagen über Drachen,
Riesen
und Einhörner entstanden
Neues vom Ur-Rhein. Interview mit dem Geologen und
Paläontologen Dr. Jens Sommer
Österreich in der Frühbronzezeit
Österreich in der Mittelbronzezeit
Österreich in der Spätbronzezeit
Pompadour und Dubarry. Die Mätressen von Louis XV.
Raub-Dinosaurier von A bis Z. Mit Zeichnungen von
Dmitry Bogdanav und Nobu Tamura
Rekorde der Urmenschen. Erfindungen, Kunst und
Religion
Rekorde der Urzeit. Landschaften, Pflanzen und Tiere
Säbelzahnkatzen. Von Machairodus bis zu Smilodon
Säbelzahntiger am Ur-Rhein. Machairodus und
Paramachairodus
Superfrauen aus dem Wilden Westen
Superfrauen 1 – Geschichte

Superfrauen 2 – Religion
Superfrauen 3 – Politik
Superfrauen 4 – Wirtschaft und Verkehr
Superfrauen 5 – Wissenschaft
Superfrauen 6 – Medizin
Superfrauen 7 – Film und Theater
Superfrauen 8 – Literatur
Superfrauen 9 – Malerei und Fotografie
Superfrauen 10 – Musik und Tanz
Superfrauen 11 – Feminismus und Familie
Superfrauen 12 – Sport
Superfrauen 13 – Mode und Kosmetik
Superfrauen 14 – Medien und Astrologie
Tony und Bruno Werntgen. Zwei Leben für die Luftfahrt
(zusammen mit Paul Wirtz)
Was ist ein Menhir? Interview mit dem Mainzer
Archäologen
Dr. Detert Zylmann
Wer ist der kleinste Dinosaurier? Interviews mit dem
Wissenschaftsautor Ernst Probst
Wer war der Stammvater der Insekten? Interview mit dem
Stuttgarter Biologen und Paläontologen Dr. Günther Bechl
6000 Jahre Kastel. Von der Steinzeit bis zum
21. Jahrhundert
Adolphus Busch. Das Leben des Bier-Königs
5000 Jahre Kostheim. Von der Steinzeit
bis zum 21. Jahrhundert
Kanuten-König Christel Brandbeck. Das Leben
des Wassersportlers aus Mainz-Kastel
Felicitas von Berberich. Die große Wohltäterin
von Kostheim

Das Moustérien in Österreich
Das Aurignacien in Österreich
Das Gravettien in Österreich
Das Magdalénien in Österreich
Das Magdalénien in der Schweiz
Die Mittelsteinzeit
Deutschland in der Mittelsteinzeit
Die Mittelsteinzeit in Baden-Württemberg
Die Mittelsteinzeit in Bayern
Die Mittelsteinzeit in Rheinland-Pfalz
Die Mittelsteinzeit in Hessen
Die Mittelsteinzeit in Nordrhein-Westfalen
Die Mittelsteinzeit in Niedersachsen
die Mittelsteinzeit in Thüringen, Sachsen-Anhalt, Sachsen und
im südlichen Brandenburg
Die Mittelsteinzeit in Schleswig-Holstein, Mecklenburg und
im nördlichen Brandenburtg
Die Jungsteinzeit. Eine Periode der Steinzeit vor etwa 5.500
bis 2.300 v. Chr.
Die ersten Bauern in Deutschland. Die
Linienbandkeramische Kultur (5.500 bis 4.900 v. Chr.)
Die Ertebölle-Ellerbek-Kultur. Eine Kultur der
Jungsteinzeit vor etwa 5.000 bis 4.300 v. Chr.
Die Stichbandkeramische Kultur Eine Kultur der
Jungsteinzeit vor etwa 4.900 bis 4.500 v. Chr.
Die Oberlauterbacher Gruppe. Eine Kulturstufe der
Jungsteinzeit vor etwa 4.900 bis 4.500 v. Chr.
Die Hinkelstein-Gruppe. Eine Kulturstufe der
Jungsteinzeit vor etwa 4.900 bis 4.800 v. Chr.
Die Rössener Kultur. Eine Kultur der Jungsteinzeit vor
etwa 4.600 bis 4.300 v. Chr.

Die Kupferzeit. Wie die ersten Metalle in Mitteleuropa
bekannt wurden
Die Michelsberger Kultur. Eine Kultur der Jungsteinzeit vor
etwa 4.300 bis 3.500 v. Chr.
Das Rätsel der Großsteingräber. Die nordwestdeutsche
Trichterbecher-Kultur vor etwa 4.300 bis 3.000 v. Chr.
Die Baalberger Kultur. Eine Kultur der Jungsteinzeit vor
etwa 4.300 bis 3.700 v. Chr.
Pfahlbauten in Süddeutschland. Dörfer der Jungsteinzeit
und Bronzezeit an Seen, Mooren und Flüssen
Die Altheimer Kultur / Die Pollinger Gruppe. Zwei
Kulturen der Jungsteinzeit vor etwa 3.900 bis 3.500 v. Chr.
Die Salzmünder Kultur. Eine Kultur der Jungsteinzeit vor
etwa 3.700 bis 3.200 v. Chr.
Die Chamer Gruppe. Eine Kulturstufe der Jungsteinzeit vor
etwa 3.500 bis 2.800 v. Chr.
Die Wartberg-Kultur. Eine Kultur der Jungsteinzeit vor
etwa 3.500 bis 2.800 v. Chr.
Die Walternienburg-Bernburger Kultur. Eine Kultur der
Jungsteinzeit vor etwa 3.200 bis 2.800 v. Chr.
Die Kugelamphoren-Kultur. Eine Kultur der Jungsteinzeit
vor etwa 3.100 bis 2.700 v. Chr.
Die Schnurkeramischen Kulturen. Kulturen der
Jungsteinzeit von etwa 2.800 bis 2.400 v. Chr.
Die Einzelgrab-Kultur. Eine Kultur der Jungsteinzeit vor
etwa 2.800 bis 2.300 v. Chr.
Die Schönfelder Kultur. Eine Kultur der Jungsteinzeit vor
etwa 2.800 bis 2.200 v. Chr.
Die Glockenbecher-Kultur. Eine Kultur der Jungsteinzeit
vor etwa 2.500 bis 2.200 v. Chr.
Die ersten Bauern in Österreich. Die Linienbandkeramische

Kultur vor etwa 5.500 bis 4.900 v. Chr.
Die Lengyel-Kultur in Österreich. Eine Kultur der
Jungsteinzeit vor etwa 4.900 bis 4.400 v. Chr.
Die Mondsee-Gruppe. Eine Kulturstufe der Jungsteinzeit
vor etwa 3.700 bis 2.900 v. Chr.
Die Badener Kultur in Österreich. Eine Kultur der
Jungsteinzeit vor etwa 3.600 bis 2.900 v. Chr.
Die ersten Pfahlbauten in der Schweiz. Die Anfänge der
Pfahlbauforschung und die Egolzwiler Kultur
Die Cortaillod-Kultur. Eine Kultur der Jungsteinzeit vor
etwa 4.000 bis 3.500 v. Chr.
Die Pfyner Kultur in der Schweiz. Eine Kultur der
Jungsteinzeit vor etwa 4.000 bis 3.500 v. Chr.
Die Horgener Kultur in der Schweiz. Eine Kultur der
Jungsteinzeit vor etwa 3.500 bis 2.800 v. Chr.
Die Schnurkeramiker in der Schweiz. Eine Kultur der
Jungsteinzeit vor etwa 2.800 bis 2.400 v. Chr.